# 地球神秘档案

# 顽强的生命

U0268191

[瑞典]詹斯·汉斯加德 著

[瑞典]安德斯·尼伯格 绘

徐昕 译

北京理工大学出版社

BEIJING INSTITUTE OF TECHNOLOGY PRESS

## 图书在版编目 (CIP) 数据

地球神秘档案. 顽强的生命 / (瑞典) 詹斯·汉斯加德著；(瑞典) 安德斯·尼伯格绘；徐昕译. —北京：北京理工大学出版社，2021.7
ISBN 978-7-5682-9518-5

Ⅰ.①地… Ⅱ.①詹… ②安… ③徐… Ⅲ.①地球 – 少儿读物 Ⅳ.① P183-49

中国版本图书馆 CIP 数据核字 (2021) 第 021650 号

北京市版权局著作权合同登记号 图字：01-2020-5605
Jordens Tuffaste Djur
Text © Jens Hansegård, 2012
Illustration © Anders Nyberg, 2012
本作品简体中文专有出版权经由 Chapter Three Culture 独家授权

出版发行 / 北京理工大学出版社有限责任公司
社　　址 / 北京市海淀区中关村南大街 5 号
邮　　编 / 100081
电　　话 / (010)68914775( 总编室 )
　　　　　(010)68944515( 童书出版中心 )
网　　址 / http://www.bitpress.com.cn
经　　销 / 全国各地新华书店
印　　刷 / 雅迪云印（天津）科技有限公司
开　　本 / 880 毫米 ×1230 毫米 1/32
印　　张 / 1.5
字　　数 / 30 千字
审 图 号 / GS(2020)7276 号
版　　次 / 2021 年 7 月第 1 版　2021 年 7 月第 1 次印刷
定　　价 / 25.00 元

责任编辑 / 李慧智
文案编辑 / 李慧智
责任校对 / 刘亚男
责任印制 / 王美丽
设计制作 / 庞　婕

图书出现印装质量问题，请拨打售后服务热线，本社负责调换

地球是一颗美妙的行星。从炎热的沙漠到冰冷的极地，这里无奇不有。这里有比云还高的山，有好几十千米深的海。到处都有能适应极端环境并生存下来的动物。

这里有冬天冻成冰夏天会解冻的昆虫，有一辈子生活在沸水里的蠕虫，甚至还有可以在太空中生存的动物。

**让我们去见见这些地球上最顽强的动物们吧！**

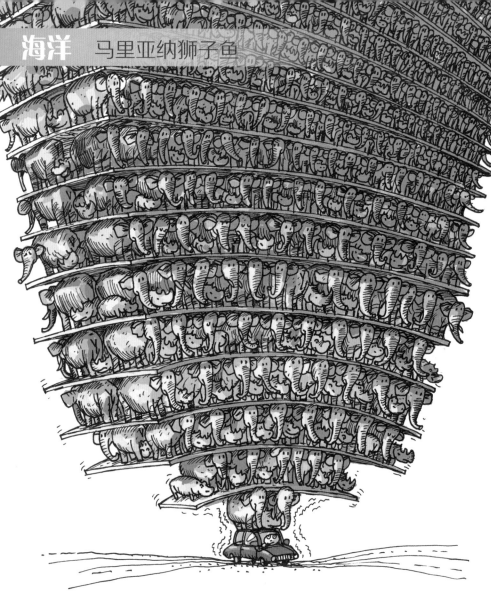

想象一下，如果800头大象、800头犀牛和600头河马共同踩在一辆小汽车上表演平衡节目，会是怎样一番情景？

在海面下7700米深的地方，海水的压力就有这么大。在这样的深度，人的骨骼会立刻变得粉碎。不过这里却生活着成群的马里亚纳狮子鱼，它们是生活在海底最深处的鱼类。

**马里亚纳狮子鱼**

身长：24厘米
环境：太平洋
深度：7700米

可以忍耐：极大的压力

马里亚纳狮子鱼在海底穿行的速度很快，它们住在漆黑的环境下，用自己敏感的鼻子来导航和觅食。马里亚纳狮子鱼吃小的虾类，而那些虾类则靠吃落入海底的死鱼和垃圾为生。

科学家们认为，还有一些鱼生活在更深的水里。

潜入大海深处就像来到太空中一样，周围会变得越来越冷、越来越暗。

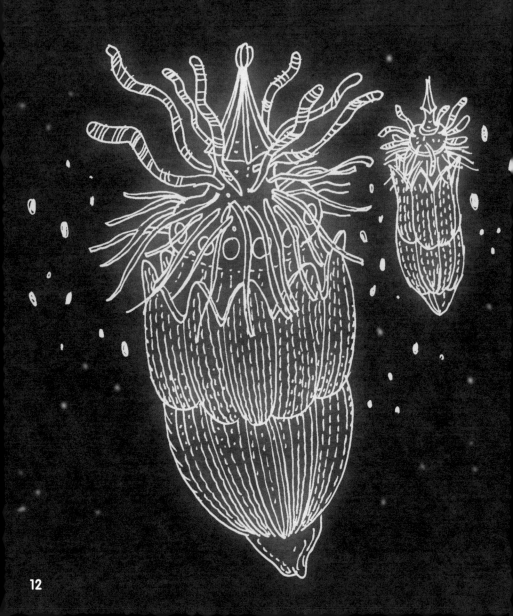

在地中海深处有一些死亡区域，它们之所以被称为死亡区域，是因为那里没有氧气。盐和硫化物让海水变得十分混浊。科学家们在这里发现了一种叫铠甲动物的极小的动物。

铠甲动物

身长：1毫米
环境：地中海
深度：3 000米

可以忍耐：在无氧状况下生存

神秘的铠甲动物在没有光和氧的状况下生活，它们是迄今为止我们所知道的唯一一种能在这种环境中生存的动物。

在很深的海底，存在着一种看上去像黑色烟囱的奇怪物体，从那里冒出来的水非常烫，温度高达400度！

这些烟囱附近的温度有80度，庞贝虫们喜欢住在这里。这种蠕虫分泌一种黏液，那是细菌们的食物。对庞贝虫而言，细菌形成了一种防护服，保护它们不会被热水烫着。

我们的名字来源于2000年前一座被埋在火山灰下面的古罗马城市庞贝。

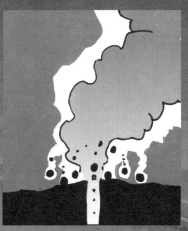

1.水在地壳下面被加热后从海底的裂缝中喷出来,那些"烟囱"在这个时候形成。

2. 从裂缝中喷出来的颗粒凝固后形成了"烟囱"。

我们的家,舒适的家

3.有毒的黑烟喷发出来,里面充满了铁和硫。

15

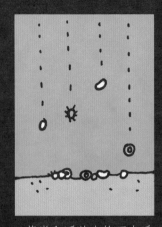

1.藻类和浮游生物死去后会沉到海底。

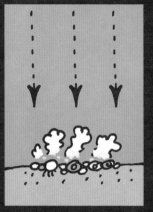

2.在那里，它们形成了沼气，或叫甲烷。

3.巨大的压力使得甲烷结成了像冰一样的东西。

在墨西哥湾的海底，有着大堆大堆的甲烷冰。这里非常寒冷，没有阳光，完全没有氧气。而这里的海水含有大量盐分、硫化物和沼气。

除了细菌之外，人们不认为有什么东西能在这里活下来。然而让人惊讶的是，科学家们找到了一种长得很像蜈蚣的粉红色小蠕虫：甲烷冰虫。

我们在甲烷冰中挖隧道，吃住在甲烷冰里的细菌。

17

　　虾听起来也许不像是什么顽强的动物，但是在太平洋的一座海底火山上生活着的罗希虾却并不简单。海底火山周围的海水充满着有毒的酸，靠近火山的鱼类全都死光了。

　　罗希虾靠吃那些能够生活在有毒海水中的细菌为生。不过它们会在火山下一次喷发前逃走！

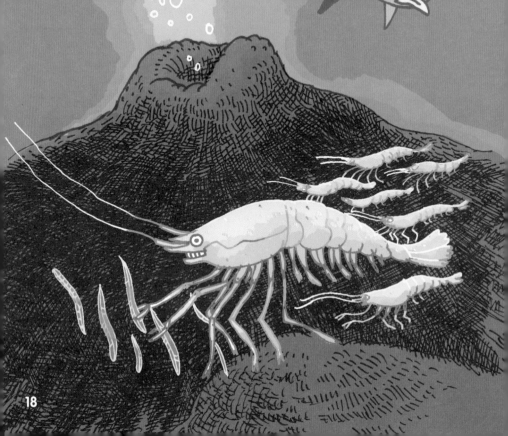

几年前，美国科学家在南极洲的冰层下发现了一种虾。那里没有光，极为寒冷，可是那些虾却似乎过得很好。

科学家们认为，这可能意味着其他的行星上也存在生命。木星的一颗卫星——木卫二——也被冰层覆盖，冰的下面可能存在海洋。

**罗希虾**
身长：2.5厘米
环境：太平洋
深度：500米
可以忍耐：有毒的海水

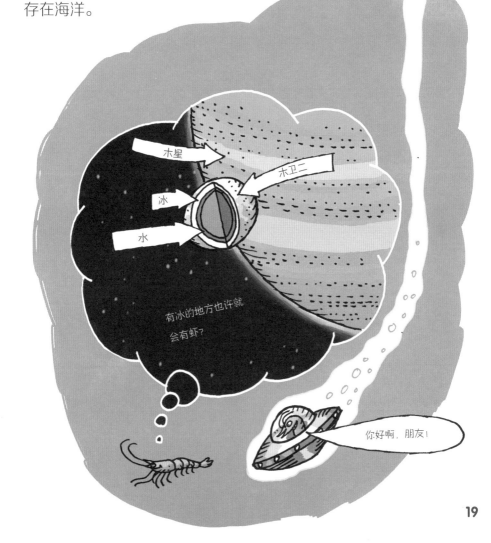

木星

木卫二

冰

水

有冰的地方也许就会有虾？

你好啊，朋友！

帝企鹅生活在南极地区。没有其他的鸟类可以生活在如此寒冷的地方，南极洲是地球上最冷的地方。在这里，飓风可以达到每小时140千米的速度，可是帝企鹅却毫不在乎。

你们好！现在轮到我站在外边了！

除了暖和的羽毛之外，帝企鹅还有另一种办法抵御寒冷——它们会聚成一群。

20

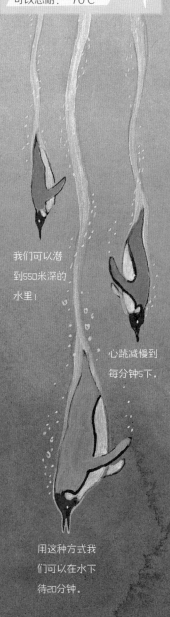

我们可以潜到550米深的水里！

心跳减慢到每分钟5下。

用这种方式我们可以在水下待20分钟。

帝企鹅群由上千只帝企鹅组成，它们轮流站在帝企鹅群的里面和外边。

21

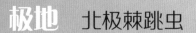

在北极生活着一种名叫北极棘跳虫或是雪跳蚤的奇怪的小动物。北极棘跳虫并不是一种昆虫，而是单独的一个物种，十分奇怪。

嗯，你们看明白了吗？

它们的身体后部有一种类似尾巴的东西，叫弹器，是它们用来跳跃的。

1.冬天来临的时候，北极棘跳虫会流失身体中的全部水分。

2.这时它的身体会枯萎，变成小小的干壳。因为身体里没有水了，所以它们不会被冻死。

3.当天气暖和起来的时候，北极棘跳虫的身体会吸收水分，它们又苏醒了！

23

在四条腿的动物中，没有谁能像我们这样善于在寒冷环境中生活了。

北极熊可以在北极的冬天生存。它们通常会捕食海豹，但有时候也会攻击体重比它们重一倍的海象。

**北极熊**

身长：330厘米
肩高：140厘米
体重：650千克
环境：北冰洋（北极）
可以忍耐：-40℃

　　北极熊的毛皮保持体温的效果非常好，以至于我们几乎无法用热感应照相机拍摄到北极熊。

我们需要冰！

　　北极熊可以一连好几周不吃东西。尽管它们的生存能力这么强，北极熊还是面临着一种新的威胁：北极的冰在融化。

如果环境变了，即使是地球上最顽强的动物也有可能遇到问题。如果气候变得过暖，已经适应了寒冷气候的动物将很难生存下去。

全球气候变暖使夏天海冰融化得越来越早，冬天结冰的时间越来越晚。

　　这给北极熊带来了很大的问题，它们需要在被冰覆盖的海洋上觅食。没有了海冰，北极熊无法在陆地上猎捕驯鹿和其他动物，它们完全不擅长在陆地上捕食。

　　假如海冰继续以现在这样的速度减少下去，北极熊会怎样呢？

单峰骆驼是一种完美适应沙漠生活的动物。夏天单峰骆驼可以一个星期不喝水，冬天它们可以在不喝水的情况下生存将近50天。

喝点水吗，朋友？

不用，谢谢，我能坚持

单峰骆驼口渴的时候，它们可以一下喝掉多达150升的水。

它们还可以超过一个月不吃东西。单峰骆驼的驼峰由35千克的脂肪构成，这些脂肪可以转变成能量。

**单峰骆驼**

身长：300厘米
肩高：200厘米
体重：500千克
环境：沙漠

可以忍耐：45℃的高温，在没有水和食物的情况下生存较长时间

沙尘暴来临时，单峰骆驼有一种很好的办法可以避免沙子进到鼻子和嘴巴里：它们可以把鼻孔闭上！

有两个驼峰的骆驼生活在中国和蒙古国的沙漠里。单峰骆驼只有一个驼峰，生活在北非的沙漠、非洲之角和中东地区的沙漠里。

在沙漠里白天天气炎热，夜里极其寒冷。为了生存，骆驼会改变自己的体温。夜里它们的体温是34℃，而白天，当气温变高的时候，体温会升到41℃。

地球上最为干燥和炎热的地方之一是美国加利福尼亚州的死亡谷。在这里，人们测量到的温度可达57℃。

白天，沙漠袋鼠躲在它们的地洞里，用这种方式来躲避最猛烈的高温。

它们会用一切办法来保存身体里的水。它们几乎不出汗，而且得益于它们强大的肾脏，它们一整天只排出几滴尿液。

沙漠袋鼠可以一辈子都不喝一滴水。

一杯水？谢谢。

我不喝了。

沙漠袋鼠

身长：12厘米
体重：100克
环境：死亡谷
可以忍耐：40℃的
高温，不喝水

到了夜里，我会去找植物的种子吃。种子里面也含有一些水分，对我来说这就够了。

31

雪羊生活在几千米高的地方。它们在悬崖峭壁间跳来跳去，却不会摔断腿或脖子。雪羊用这种方式逃避美洲狮以及其他不善于攀爬的猛兽。

雪羊有着跟橡胶一样可以弯曲的蹄子，可以让它们牢牢地抓住东西。雪羊可以沿着陡峭的岩壁或者倾斜的悬崖爬上爬下而不会摔下来。此外它们还有强壮的后腿，可以让它们跳得很远。

| 雪羊 | |
| --- | --- |
| 身长： | 100厘米 |
| 肩高： | 100厘米 |
| 体重： | 100千克 |
| 环境： | 落基山脉 |
| 海拔高度： | 4 000米 |
| 可以忍耐： | -45℃ |

在人类搬到新西兰之前，那里除了蝙蝠以外，没有其他哺乳动物存在。昆虫们不会被老鼠和其他啮齿动物捕食，所以它们可以长得很大。

其中有一种昆虫是非常少见的沙螽。它们是世界上最大的昆虫！

哎呦！好大的虫子！

别动我的朋友！

当温度降到零下的时候，生活在山地的沙螽会用巧妙的手段让自己不被冻死——它们会把自己冷冻起来。

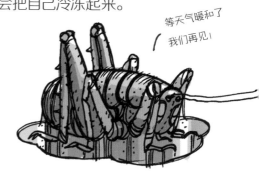

等天气暖和了我们再见！

特殊的蛋白质会阻止沙螽的细胞出现结冰现象。当天气变暖的时候，它们又会彻底活过来，就像僵尸复活一样！

沙螽
身长：12厘米
体重：30克
环境：新西兰
可以忍耐：被冻住

没有什么鸟比雨燕更适应空中的生活了。

自打孵出来以后，雨燕会在空中生活两到三年，在此期间始终都不着陆！雨燕甚至能在空中进行交尾。

脑袋不算大，但腿却很长很好看，对吧？

雨燕的体重比一只鸵鸟的大脑还要轻。

雨燕
身长：16厘米
翼展：40厘米
体重：40克
环境：空中
可以忍耐：可以在
空中睡觉

这是怎么回事呢？

夜晚雨燕会寻找温暖的上升气流。借助这些气流，它们可以在空中上升一两千米，然后在那里睡觉！它们会继续拍动翅膀，只是拍打得不像醒着的时候那么频繁。

雨燕在瑞典语里叫作"在塔尖上扬帆的人"，因为它们会把窝筑在教堂的塔上。但是在英语里，雨燕叫作"魔鬼鸟"。夏天当一大群黑色的鸟儿尖叫着出现在空中的时候，大家觉得这景象很可怕。

蟑螂是一种非常顽强的动物。它们可以忍耐高浓度的毒素，有些人甚至认为蟑螂可以在核武器战争中幸存下来，另一些人则认为这夸大其词了。不过毫无疑问的是，它们比人类更容易渡过难关。

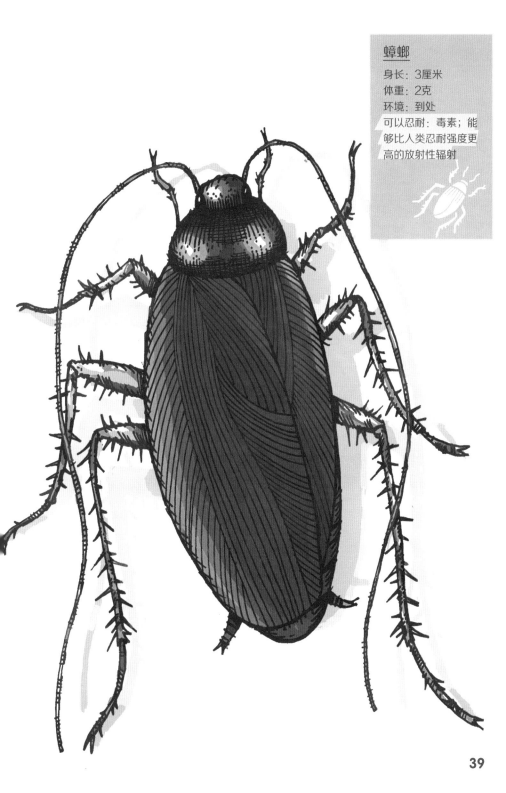

蟑螂

身长：3厘米
体重：2克
环境：到处
可以忍耐：毒素；能够比人类忍耐强度更高的放射性辐射

蟑螂几乎什么都吃。在实验中，蟑螂可以在没有氧气的环境中存活45分钟。

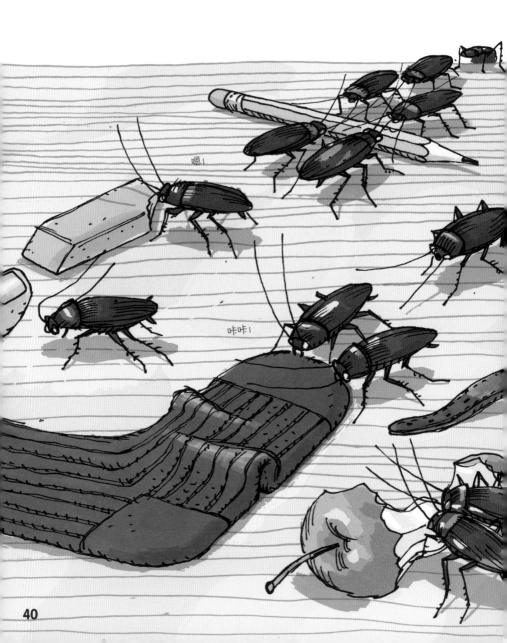

如果一只蟑螂的头被拧掉了，它可以继续存活超过一周才死去。它不是被疼死的，而是被饿死的。

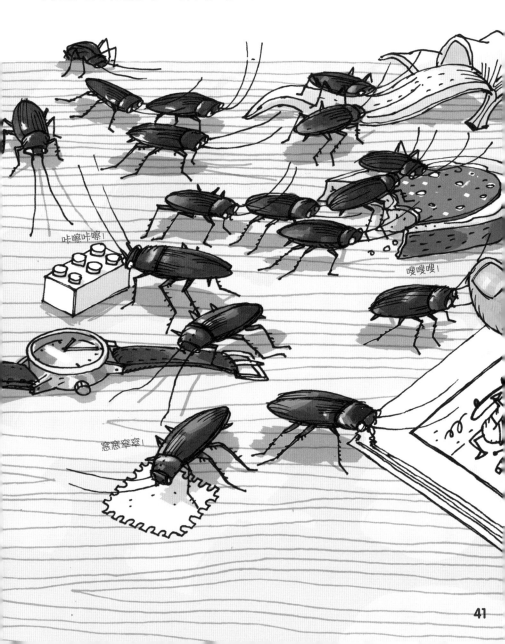

水熊虫，或称缓行动物，是一种很小的植食动物。最大的水熊虫身长不超过1毫米。

不过水熊虫是地球上最顽强的动物之一。

在没有水的情况下，水熊虫能生存多长时间？
大约10年。
水熊虫可以忍耐多强的放射性辐射？
可以忍耐的辐射强度是其他动物的1 000倍。

水熊虫生活的地方，从喜马拉雅山到深海，从北极到赤道，遍布全世界。不过它们最喜欢在普通的苔藓里生活。

科学家们把水熊虫放到太空舱外，想看看它们能不能在太空的真空环境中存活。那里没有氧气，水熊虫遭受到大量强烈紫外线的辐射。

令科学家们感到吃惊的是，这些水熊虫中有很多都活了下来！

43

鸟儿筑巢，獾挖地洞。而我们人类可以自我调整，使我们能在整个地球上生存。

天气寒冷时，我们会穿上暖和的衣服，或是建造温暖的房子。在沙漠里，我们会准备充足的饮用水，或是挖水井。如果空气稀薄，我们可以借助氧气罐呼吸。

所以人类能上山入海，耐得了炎热，忍得了严寒，甚至在外太空人类也能想办法生存。